lady Whisky
威士忌女爵

一場艾雷島上的尋酒之途，實現夢幻風味的未竟追尋

敬！威士忌寰宇中偉大的推手海倫·亞瑟

我在此要特別感謝卡洛琳‧德沃爾（Caroline Dewar），她不只陪我探索這趟漫長的蘇格蘭之旅，也伴我亦步亦趨走過這本視覺文學書的編製過程。由衷感謝她針對威士忌所提出的真知灼見。

我也由衷感激吉姆‧麥克尤恩（Jim McEwan），謝謝他對本次經歷的鼎力相助，也謝謝他親自為本書作序，更謝謝他寬宏無量的關注。

同時也感謝海倫的姪女莎拉‧德蓮（Sarah Drane），謝謝她於本書尾聲的生花妙筆，也謝謝她對我撰寫這本作品深具信心。

接著是布萊迪蒸餾廠（Bruichladdich）的亞當‧漢特（Adam Hannett），拉弗格蒸餾廠（Laphroaig）的大衛‧李文斯頓（David Livingstone），雅柏蒸餾廠（Ardbeg）的米奇‧海茨（Michael A. Heads），以及波摩蒸餾廠（Bowmore）的艾迪‧麥卡佛（Eddie MacAffer），他們之於威士忌領域各擅勝場，皆是滿懷熱情並鼓舞人心的傑出泰斗。

謝謝巴黎「威士忌之家」（La Maison du Whisky）的尚一馬克‧貝禮（Jean-Marc Bellier），名符其實的威士忌狂熱者！

也感謝我的編輯賀諾‧勒克雷可（Reynold Leclercq），還有瑪莉—弗雷‧瓦哈梵（Marie-Fred Walravens）與艾曼紐‧斯卡菲（Emmanuel Scavée），謝謝他們出色的表現。

最後我要謝謝妳──海倫‧亞瑟（Helen Arthur），我以這本書作為我對妳的悼念，希望妳能以它為榮。我們很想妳。

喬艾爾‧亞利桑德拉（Joël Alessandra）

Preface
前言

我與海倫的緣分始自1992年。當時我還是波摩蒸餾廠的負責人，而海倫則正銜命撰寫威士忌專文，逐一奔波於蘇格蘭各島的蒸餾廠。在那個年代，全世界尚無任何女性威士忌研究者。我因而非常好奇，是什麼契機吸引海倫投入這個如此陽剛的寰宇。

我立即懾服於海倫對威士忌的熱愛；她不僅全心奉獻於威士忌，也深深敬愛每一瓶威士忌的背後推手。海倫想深入了解蒸餾廠中每一瓶威士忌的獨特奧秘，我們花了兩天的時間，試圖滿足她的渴望。我們嚐遍了所有年份，也品味了每一種以不同性質酒桶熟成的威士忌。海倫很喜歡與蒸餾廠的員工聊天，她可以花上好幾個小時與他們為伍，挖掘他們在威士忌蒸餾廠中所醞釀的生活故事。她對威士忌的熱情簡直不可思議！對於她隨後以威士忌評論家的身分打響名號，或是她撰寫的任何關於威士忌的文章受到推崇認可，我一點也不意外。

我們始終都是非常要好的朋友，一直到她辭世。海倫身上懷著對蘇格蘭這塊土地與人民，以及蘇格蘭精神的崇高熱情，也讓海倫自己成為無與倫比的人物。我相信，她在天堂一定喝到了「天使的分享」。

她永遠活在我們心裡。

吉姆・麥克尤恩（Jim McEwan）

吉姆・麥克尤恩是威士忌世界的傳奇人物。他在15歲時進入波摩蒸餾廠成為箍桶學徒，日後成為波摩品牌的負責人與代言人。隨後為布萊迪蒸餾廠帶來新氣象。他榮獲多次「年度最佳釀酒師」與創新獎的殊榮，並於2015年卸甲榮歸。但對威士忌的熱情終究戰勝一切：他於2017年2月重新復出，加入籌備阿德納侯蒸餾廠（Ardnahoe）的行列。

Chapter 1

海倫與鮮活的記憶

Helen ou la mémoire vive

2015年四月，在赫里福德郡（Herefordshire）萊德伯里（Ledbury）的普特萊宮（Putley Court）。

這裡曾經是海倫阿姨的家……不過不是整棟，只有其中一大部分屬於她。
一棟位於威爾斯邊界的大豪宅。

我跟海倫的姪女結婚之後，很快就被他們家族接納。
而我這個「小法」，似乎也跟我熱愛的英國文化有了姻親關係。

海倫是出類拔萃的女性，與她往來的皆是
意想不到的人士，而非泛泛之輩。圍繞在
她身邊的有退休的茶葉批發商、電視明
星、軍人上校、卸任的特務，甚至皇室成
員。當然，還有威士忌界響噹噹的人物。

啊，威士忌！這曾是海倫的熱愛。在以男性為首的威士忌世界裡，她是首屆一指的女性。
海倫不只為專業威士忌期刊撰寫評論，更特別的是她曾打造了幾款暢銷威士忌佳釀。

為了表揚她對威士忌的貢獻與推廣，「蘇格蘭雙耳小酒杯執持者協會」（Keepers of The Quaich）封她為終生會員，對於女性來說，實屬罕見的傑出榮譽。

再來是她的專屬品牌。這是海倫畢生的夢想──親自蒸餾威士忌，打造典藏系列，對她而言意義重大。為了將自己認為最完美的威士忌推薦給愛好者，海倫始終不斷地尋覓能與她脾性相投的罕見佳釀，而且當然是別具特色的蘇格蘭麥芽威士忌。「**海倫·亞瑟典藏系列**」（The Helen Arthur Collection）因此誕生，而這也是蘇格蘭威士忌領域裡最完整的收藏。

海倫另一個鍾愛的嗜好是手繪遊記。

旅行能自然而然地喚起內心的繪畫渴望；

假如您聽從內心，透過旅行自能習得如何塗鴉與繪畫。

海倫跟我一樣，畫完了十幾本手札，

裡面填滿了隨筆、速寫、

水彩畫……

這是我與她產生共鳴之處。

maison traditionnelle près de pelican theure. | karibu* Bienvenue welcome

這裡是她的客廳。我在她的空間裡緩步沉思，與她共同的回憶紛至沓來。我手札裡那些與她一起旅行時畫的速寫，都清晰地在我腦海浮現。她的畫就放在五斗櫃上，兩瓶威士忌樣品酒的中間。

我想起我們兩人溜去肯亞的那一年……她帶我從另一個角度領略這個國家，與造作的觀光路線截然不同。遠離水秀山明的迷人公園與自然保護區，拋棄充滿懷舊情懷的歐洲人對過往歲月的唯美幻想。殖民者俯視的角度不復見，虛假的異國風情亦不復返。

於是，我們一起畫下了真實的肯亞。

沒錯！我們都想藉由繪畫來記錄所見所聞……

否則該如何描述那些獨一無二的珍貴時光，以及身邊歷史悠遠的壯麗景色？

海倫對於每件事物都感到新奇，常讓我忍不住探頭探腦，窺探她那發自內心毫不矯揉的真摯速寫。

她的水彩畫確實與我的風格不同……還好我們是一起寫生，看起來比較
不像無聊的偷窺者。我們共享繪畫的時光，捕捉每一瞬間的真實感，細
細品味與領會當地人的生活，以及將我們吞噬其中的景色風光。

我對這間小小的英國聖公會教堂並不陌生。我就是在這裡與海倫的姪女結婚。

海倫一心希望婚禮在這裡舉行，就在她家旁邊。

她特別喜愛這座徜徉於摯愛的大自然之間，被群樹環抱的教堂。

我淚如泉湧，此刻我才完全明白，海倫對我有多麼重要，而她的英年早逝有多麼無情。

有那麼一瞬間，我以為白晝已逝。

要是我早點知道⋯⋯我一定會好好陪伴她度過最後的日子，而不是誤以為她還有好長的人生。
我永遠不會原諒自己沒有再多給她一個微笑，或是更多一點關心。
這樣我就可以知道她人生最後的願望，最後的歡笑⋯⋯
然而，現在都無法實現了，空留我獨自悔恨。

該回家了。海倫的手札一路伴隨著我。

她最後一本小手札完全獻給了威士忌。每一頁都填滿了她人生最後的文字、最後的圖畫，
描繪著與眾不同的威士忌風味與獨具一格的威士忌芳香。

……突然，一句藏在兩幅速寫之間，用紅筆圈起的文字點醒了我！

海倫曾試圖尋找一款非比尋常的佳釀來讓她的典藏系列更臻完美，後來卻徒勞無功。

有朝一日我能幫我的品牌找到「注定」的威士忌嗎？

我仔細地查看手札……
什麼都沒有。海倫生前一直在尋找
那款「注定」的威士忌。
看起來她很清楚想要的是什麼風格的威士忌。
她只是時間不夠……
我頓時明白我該做些什麼了。我唯一能做的，
就是找到「注定」的威士忌。

為了她！

我一定是徹底地瘋了，竟要往未知的世界探險，完成這不可能的任務。而且還不包括我打算進行的一些毫無把握的小調查……

不對，在一個全然陌生的領域找出具有獨一無二香氣的神祕威士忌，我或許太高估自己的能耐了。不過，海倫值得我們為她赴湯蹈火。我覺得理所當然，這是我向她道別的方式。

海倫留下了一些線索：泥煤味、麥芽香、鹹味、海味、海帶味……
原來沒什麼難度嘛！？我只要能找到符合這些特質的威士忌就大功告成！看起來太容易了！

據說日本是威士忌界的頭號生產與消費國之一！

「全世界最大的蒸餾廠在日本：三得利的白州蒸餾廠擁有24個蒸餾器」，真是太狂了！

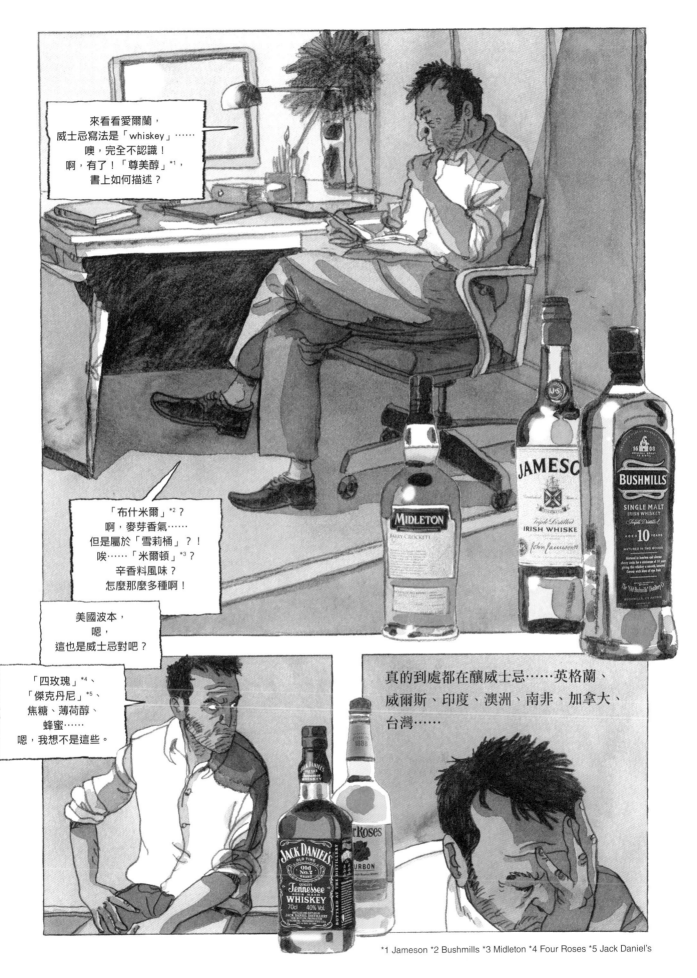

利穆贊、南部—庇里牛斯、隆河—阿爾卑斯、普瓦圖—夏朗德、洛林、上諾曼第⋯⋯

我不可能做得到！還是看看蘇格蘭威士忌好了。海倫似乎也鎖定在這個地區搜尋。

蘇格蘭：擁有最多蒸餾廠的地區，「蘇格蘭有超過九十七家仍在運作的麥芽威士忌蒸餾廠，其威士忌香氣與特色之多元性無人能出其右……」

我需要真正的專業指引，朋友跟我提過這個獨樹一格的神奇之地，
據說，這裡是威士忌界的聖地麥加……

這裡似乎真能為我指點迷津，是能讓我稍微有些頭緒的唯一救星。
氣餒與失望曾瞬間排山倒海向我襲來……在我發現錯失機會向海倫好好道別的時候。
不過，我還有挽回的機會。

日安，
先生，
需要我的
協助嗎？

*1 Lowland *2 Campbeltown *3 Islay *4 Highland *5 Single Malt *6 Blended Malt *7 Blended Whisky *8 Single Cask

35

什麼是單一麥芽威士忌？
就是來自單一蒸餾廠的威士忌，
主要是以發酵的麥芽來蒸餾……

……通常
主要是大麥。

調和麥芽威士忌
混和了來自
不同蒸餾廠的
數種單一
麥芽威士忌。

這裡要注意的是，
小心不要將
調和麥芽威士忌
與調和式威士忌
搞混了。
後者是將來自
不同蒸餾廠的
麥芽威士忌
與穀物威士忌
加以混和……

也可能用
不同年份
與不同產地的
威士忌
來調和。

而單一桶裝威士忌，
顧名思義，
就是來自
單一橡木桶
的威士忌！
是最登峰造極、
最精純細緻的
單一麥芽威士忌。

*1 Clynelish *2 Springbank *3 Bruichladdich *4 Ardbeg *5 Lagavulin *6 Laphroaig
*7 Bowmore *8 Kilchoman

艾雷島是完全自成一格的地區，在威士忌領域裡的地位舉世無雙！
艾雷島的蒸餾廠密度之高，為蘇格蘭之冠，此絕非偶然！
島上不只有豐富的泥煤，肥沃的土地也很適合種植大麥。
這裡生產全蘇格蘭最具煙燻氣息、富有大地以及碘離子風味的大麥。

* 卡洛琳・德沃爾，海倫的蘇格蘭好友，也是威士忌專家，以及烈酒方面的專業記者。

喂，您還好嗎？
海倫的葬禮
實在令人崩潰
……
您順利回到
格拉斯哥了？

我懂。
她也是我非常
敬愛的朋友，
我了解
您的痛苦……

卡洛琳，
我有件事……
該怎麼説呢，
我想拜託
您一件事。

我必須到
蘇格蘭一趟！

我想跟
蒸餾廠的釀酒師
碰面，問一些
威士忌的
問題……

……
您跟威士忌
領域的人
交情很深，
只有您
可以幫我了。

您可以帶我去
艾雷島嗎？
拜託！
我會再跟您解釋……
我是為了海倫。

謝謝，好，
那麼很快
就能再見面了。

SCOTLAND
蘇格蘭

ISLE of ISLAY
艾雷島

GLASGOW
格拉斯哥

ENGLAND
英格蘭

PAR
巴黎

Chapter 2

追尋絕對

En quête d'absolu

格拉斯哥

法國作家塞利納（Céline）在他的《茫茫黑夜漫遊》（Voyage au bout de la nuit）一書中，
曾描寫紐約是個站得非常挺拔的城市。

我一抵達格拉斯哥，就有相同的感覺。

這個蘇格蘭最大的城市，垂直得近乎絕對，讓我有些眼花撩亂。

我跟卡洛琳約好在市中心的一家酒吧碰頭。

我只要在這座60萬人口的巨大都市裡，
用我那馬馬虎虎的英語以及時靈時不靈的方向感找到那家酒吧即可。

費了番周折總算順利來到這家以法語「好協議」（Bon Accord）命名的酒吧，來看看究竟是什麼好協議吧！我猜卡洛琳是出於善意，想讓我有回到家的感覺……

哈囉，
喬艾爾！
歡迎來蘇格蘭！

……這裡同時也讓我迅速感受到了蘇格蘭風情。酒吧裡每一個微小的角落都塞了上百瓶的威士忌。我彷彿感受到酒香荒原上呼嘯的風，鬧鬼城堡裡的不死騎士與眾多伴著風笛樂聲的傳說，還有填滿湖底的那些史前怪獸……

敬我們
的小旅行，
乾杯！

在這個充滿酒香的小洞穴中，我似乎也成了蘇格蘭人，成了蘇格蘭高地與平原上的一個英雄，我覺得我彷彿同時變成了華特·司各特[1]與其筆下的艾凡赫[2]、羅伯·洛伊[3]和威弗萊[4]，以及羅伯特·伯恩斯[5]。我威風凜凜地品嚐了金滴玉液般的威士忌：原酒、調和式威士忌、單一麥芽威士忌，有如經過煉金術淬鍊的神奇風味與芳香，讓我也成了蘇格蘭的一份子……

*1 Walter Scott，十八世紀末蘇格蘭著名歷史小說家及詩人。*2 華特·司各特所著《撒克遜英雄傳》裡的人物。*3 Rob Roy，十八世紀蘇格蘭的傳奇英雄，華特·司各特著有同名小說描寫其生平。*4 華特·司各特同名歷史小說中的主角人物。*5 Robert Burns，十八世紀末蘇格蘭著名詩人。

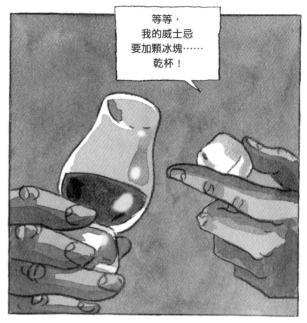

* 蘇格蘭語的「為健康舉杯」（Slainte mhath）。

我們到
客廳坐吧，
我先準備
幾款威士忌讓你
有些概念。

到了，
就是這裡。

我們要品嚐幾款不同的威士忌，
尤其是艾雷島的不同風格。
如此一來，
你的事前準備會更充分。
我甚至還拿了一瓶
海倫典藏的2006年威士忌。

不過，
老實説，
你至少知道
威士忌
是如何釀造
的吧？！

呃，是的，
我知道
一點……

一點點。

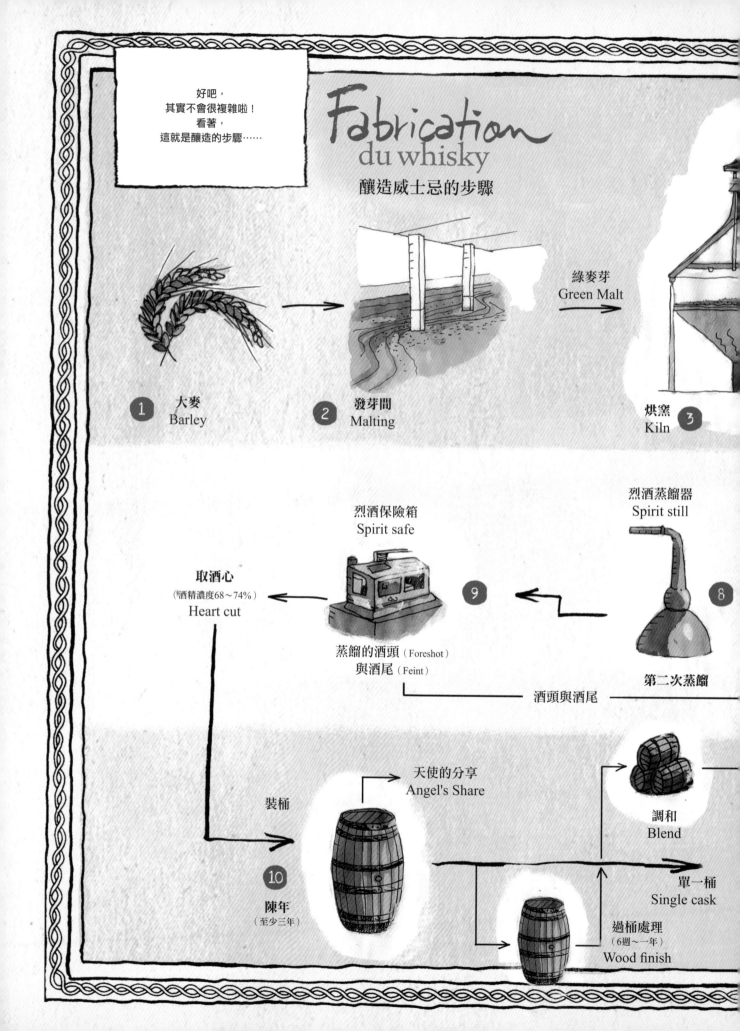

好吧，
其實不會很複雜啦！
看著，
這就是釀造的步驟……

Fabrication
du whisky
釀造威士忌的步驟

綠麥芽
Green Malt

1 大麥
Barley

2 發芽間
Malting

烘窯 **3**
Kiln

烈酒蒸餾器
Spirit still

烈酒保險箱
Spirit safe

取酒心
（酒精濃度68～74%）
Heart cut

9

8

蒸餾的酒頭（Foreshot）
與酒尾（Feint）

第二次蒸餾

—— 酒頭與酒尾 ——

天使的分享
Angel's Share

調和
Blend

裝桶

10
陳年
（至少三年）

單一桶
Single cask

過桶處理
（6週～一年）
Wood finish

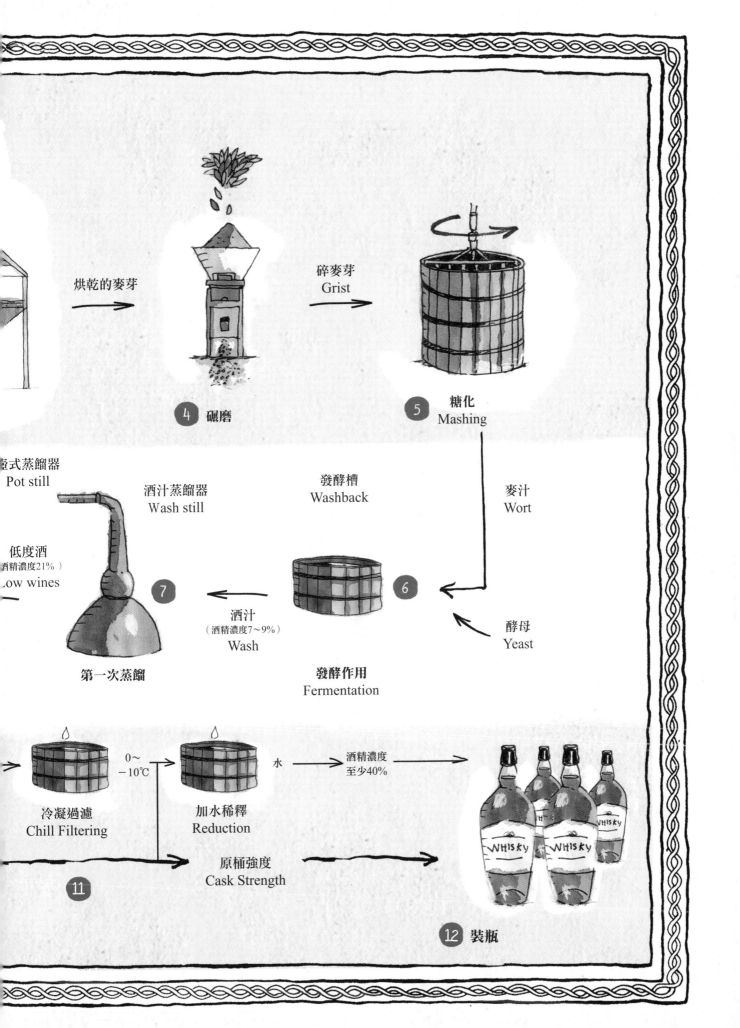

烘乾的麥芽

碎麥芽
Grist

4 碾磨

5 糖化
Mashing

壺式蒸餾器
Pot still

酒汁蒸餾器
Wash still

發酵槽
Washback

麥汁
Wort

低度酒
（酒精濃度21%）
Low wines

7

酒汁
（酒精濃度7～9%）
Wash

6

酵母
Yeast

第一次蒸餾

發酵作用
Fermentation

0～
−10℃

水

酒精濃度
至少40%

冷凝過濾
Chill Filtering

加水稀釋
Reduction

WHISKY

WHISKY

WHISKY

11

原桶強度
Cask Strength

12 裝瓶

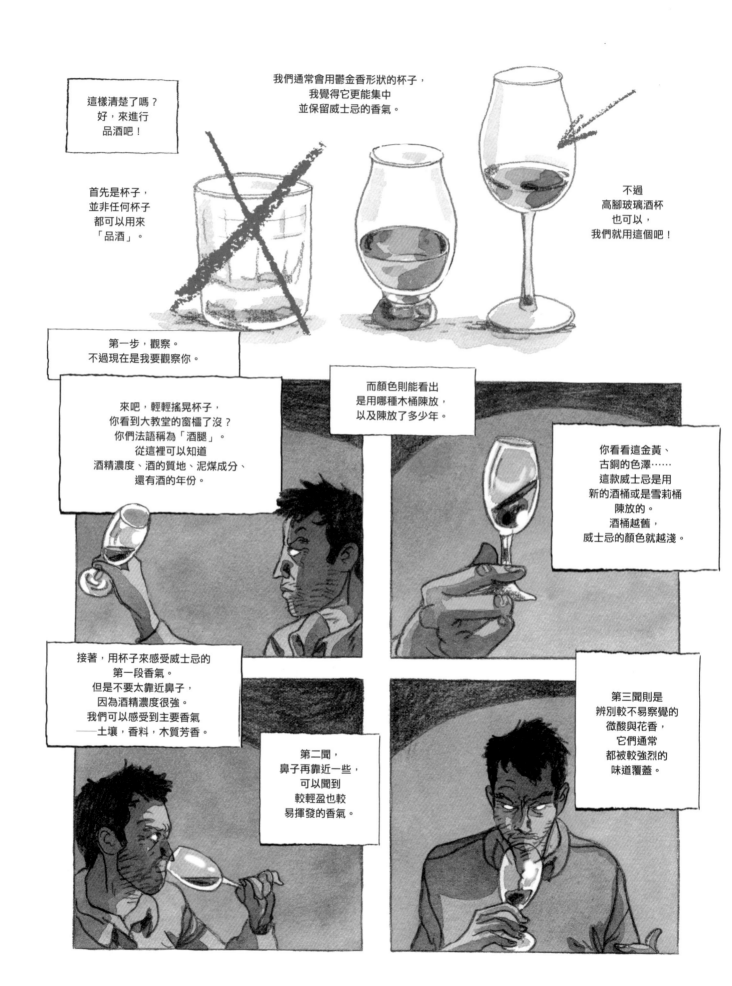

第三個步驟，品嚐！
你已經知道不可以加冰塊了……
倒是可以加一滴水，
減輕酒精的強度與氣味，
因為威士忌的酒精濃度
通常介於百分之40至46。

先小口小口品飲，
讓口腔適應，
以免一下子
就被酒精灼傷！

讓威士忌在
整個口腔與舌頭流轉，
體驗不同的芳香層次。

你可以吞下
威士忌……
感受鼻後嗅覺，
氣味將經由口腔
上升到鼻腔。

如何！
你感覺到了嗎？
威士忌開始對我們
吐露心聲了！

好，來小考一下！
你怎麼看這支威士忌？

回想你的經歷，
你的回憶，還有與你童年
有關的嗅覺與味覺。

呃……有動物與煙燻的氣息？
還有一絲香草的香氣？
還有海洋的味道慢慢湧上來，
魚跟碘離子？
啊，最後的甘草風味，
我覺得有細緻的木質香……

還好有我幫你。
我可以運用我所有的專業知識，
對你的搜尋應該很有幫助。

嗯……不錯，
哎呀！好吧，
你沒聞到
加油站的石油味？
12年份的波摩，
出色的甘美，
醉人的花香
（風信子、辛辣玫瑰），
還有薄荷與
鹽味奶油太妃糖氣味，
形成非常多的
香味紋理。

明早出發。
我8點準時到你的旅館接你！

洛蒙德湖上
沒有黑島啦!
這是一個
天然湖,
屬於朝塞斯
國家公園*。

* The Trossachs National Park

狂風一陣陣掃過，吹來濃烈的大海氣息。遠處天際線暈染如濃墨，然而氣溫相對舒適。
況且，此時我特別高興。我大口深呼吸，想著海倫。我們要到她的島上了，
她的威士忌島！

Chapter 3

生命之水
Uisge beatha*

終於相見了，艾雷島。這裡大約有3400位居民，以酪農業維生，島上只有一種工業：
正是威士忌！艾雷島是麥芽威士忌的天堂。

艾雷島南岸的單一麥芽威士忌，
散發著自然環境的力量，富含鹽分
與碘離子的浪花終年拍岸，海灘上堆積著
由浪潮沖積形成的褐藻與焦油。

我們到達下榻的B&B旅館時已經蠻晚了。
疲倦向我襲來。我覺得外頭的薄霧似乎滲進了我的腦袋……

……沒什麼不舒服，不過我的睡覺時間到了。

晚安！
卡洛琳。
明早見，
我累斃了。

沒問題，
好好休息，
明天
可忙了呢！

我趁這趟旅行，隨身帶了羅伯特‧伯恩斯的詩集，他是18世紀蘇格蘭有名的詩人。
伯恩斯被譽為農民詩人，作品極力讚揚蘇格蘭的文化與美景。

伯恩斯的作品我並不是全部都喜歡，他那些源於蘇格蘭的流行歌謠合集就無法讓我起共鳴，不過
他的詩作倒是相當精彩……

「怒吼狂風撕裂世上一切；
暴雨擊打空氣傾盆急洩；
陰影吞噬每道急促閃電；
低沉悶長的雷聲於高空聲嘶力竭：

即使幼兒亦明白，
魔鬼正醞釀興風作颺。」

「此處河流與海匯為一體，
彼處山脈高聳直入天際；
此處海浪翻湧不絕以無窮浪花勾勒海岸，
遙遠彼處雄偉崇高的藝術，
君主圓頂正閃耀生輝……」*

* 羅伯特．伯恩斯〈展望〉（The Vision）／第一首曲

早安，喬艾爾。
睡得還好嗎？

很好，謝謝你。

空氣仍然有些涼，有些潮濕，薄霧在我們身旁掠過，穿梭纏繞著四周的樹叢。

不過，遠處的山巒、海洋與田野在陽光下熠熠生輝，猶如大型迷幻而空靈的佈景。

* Kildalton Church

凱爾特十字架的歷史
與威士忌有些類似，
都是一開始
出現在愛爾蘭，
再由修士帶來
蘇格蘭這裡。

他們很可能在西元四
或五世紀時，將蒸餾技術
與基督教傳入蘇格蘭。

有這麼
久遠啊
？！

事實上
威士忌的
來源可
追溯至
遠古時期。

經證實……

最早一批蒸餾技術出現在西元前二世紀的美索不達米亞地區。

而在中國與埃及也發現更早的遺跡。

埃及人在西元前三千年就使用蒸餾技術取得香水。他們也擅長運用大麥發酵的原理,因為當時啤酒的飲用很普遍。

不過真正的蒸餾技藝卻是來自中世紀伊斯蘭地區。事實上，「Alcohol」酒精這個字也來自阿拉伯文的「Al koh'l」，原意為代替香水的粉狀物，而非現代所指的眼影。

西元十世紀，
在柯爾多瓦，
智者阿布卡西斯*
首次提到蒸餾器。

一個世紀之後，
基督文明重新支配
西班牙及其
蒸餾技術。

---

* Abulcasis，有現代外科學之父的稱號。

據說有位義大利人安居於托雷多，從事翻譯阿拉伯學術書籍，因而於十二世紀時將蒸餾技藝傳佈到了歐洲……

愛爾蘭人則一致認為
是聖派屈克
與其他傳教士
至埃及傳福音之後，
於西元432年
帶回了歐洲第一個
蒸餾器。

1169 年，諾曼人入侵愛爾蘭。盎格魯—諾曼戰士也在此時品嚐到當地人極為喜愛的含酒精飲料。

然而這些侵略者不會唸蓋爾語
的生命之水「uisge beatha」，
遂將其以英語發音，唸成「usgebangh」，
後來縮寫為「uisge」，
接著一路「與時俱進」，
從「fuisce」「uiskie」「whiskie」，
到最後成了⋯⋯「whisky」
⋯⋯威士忌！

Whisky

就算威士忌是從愛爾蘭傳到蘇格蘭的，但還是我們蘇格蘭將它發揚光大了！哈哈！

不過，雖然愛爾蘭跟蘇格蘭互相爭辯誰才是威士忌的祖國，我們蘇格蘭從1494年就留下了白紙黑字證據，可以為這個棘手問題畫下句點。

當然是蘇格蘭獲勝！

關鍵人物是法夫地區（Fife）林多爾斯本篤會的修士約翰・科爾（John Cor），他也是修道院的蒸餾負責人，當時他接收到指令：「國王下令釀造生命之水。」

我們可以在蘇格蘭財務部的國家檔案室看到約翰・科爾修士訂購麥芽的訂單……既然國王的生命之水是麥芽釀的，就技術角度而言，**就是威士忌啊！**

好，去布萊迪蒸餾廠
之前，先吃飯吧！

你看
那些小島，
是不是很美？

我們稱它們
為「礁岩」。

如果你再更仔細看，
會看到礁岩間的海豹⋯⋯
英岱爾湖*這一帶很多！

* Loch Indaal

* 羅伯特‧伯恩斯〈羊肚膾頌〉（Address to a Haggis）

我們正在前往布萊迪的路上。
天色仍早，神奇莫測的雨絲飄下，無聲無息地將前方的道路包裹入昏暗之中。

日安，我們跟
首席蒸餾調酒師
亞當·漢特[1]
有約。

日安，
我馬上通知他。

這位是我跟你提過的，
想為海倫·亞瑟
尋覓威士忌的喬艾爾……

日安，卡洛琳！
您好嗎？

您好！海倫的驟逝
真的是個打擊。
她生前常來這裡
尋找獨特罕有的
威士忌風味，
她特別喜愛我們的
超重泥煤系列
「奧特摩」[2]
威士忌。

我可以為你們
做些什麼呢？

是的，沒錯！
我在她家看過幾瓶
你們的威士忌……

你們品牌的顏色
非常出色奪目，
很有特色！

*1 Adam Hannett　*2 Octomore

88

一點也沒錯，布萊迪品牌的顏色以大海為靈感……所以我們決定以此為品牌的身分象徵。水是我們產品的一個重要元素。任何因素都可能影響威士忌的風味——時間、風土、熱情、喜好……還有水！我們的威士忌大口呼吸著海洋的空氣，並吸取著自然大地的力量。

海洋是我們的盟友。你們知道嗎？我們蒸餾廠在熄燈數年後，於2001年重啟爐灶，就在落成典禮的前一天，蒸餾廠前出現了七隻海豚！

海豚在這裡極為少見。說不定是來跳芭蕾為我們鼓舞士氣呢！

海豚為我們帶來好運。我們一年釀造140萬公升的威士忌。來，我帶你們參觀。

這裡是我們的磨坊，
用來磨碎乾燥後的麥芽，
這個程序在所有蒸餾廠
都是一樣的，只是我們保留了
功能還非常良好的老機器。
我們也保留了傳統。

麥芽被磨成粉，
成為「碎麥芽」，接著
送去攪拌進行糖化。

現在我們去
看下一個步驟，
「糖化」。

蒸餾廠的源頭水與碎麥芽混和後，
加熱至攝氏63至68度，長達數小時。
澱粉會轉化成麥芽糖⋯⋯

好像
麥片粥呢！

沒錯，有點像。
不過我們在這個步驟
要萃取的是汁，
俗稱「麥汁」⋯⋯

麥汁隨後放入「發酵槽」中進行發酵，我們會再投入酵母，以產生酒精與二氧化碳。

這個發酵槽已經進行了18小時的發酵，變得有點苦，而酒精濃度差不多是7.5%……

到了這個步驟，大概就可以預測釀出來的威士忌會是什麼樣子。

呃，是啤酒的味道啊！

完全正確！到目前為止，確實跟釀啤酒的程序一樣。

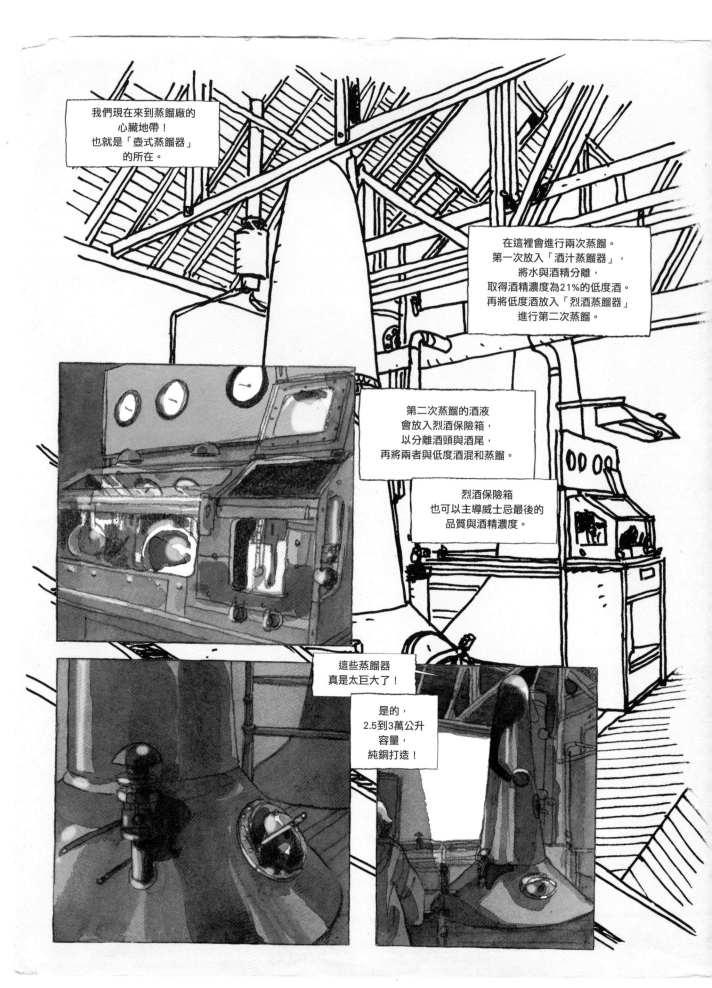

我們現在來到蒸餾廠的
心臟地帶！
也就是「壺式蒸餾器」
的所在。

在這裡會進行兩次蒸餾。
第一次放入「酒汁蒸餾器」，
將水與酒精分離，
取得酒精濃度為21%的低度酒。
再將低度酒放入「烈酒蒸餾器」
進行第二次蒸餾。

第二次蒸餾的酒液
會放入烈酒保險箱，
以分離酒頭與酒尾，
再將兩者與低度酒混和蒸餾。

烈酒保險箱
也可以主導威士忌最後的
品質與酒精濃度。

這些蒸餾器
真是太巨大了！

是的，
2.5到3萬公升
容量，
純銅打造！

這裡是酒窖，
威士忌就是在這裡陳年。
很漂亮的地方，不是嗎？

室溫很重要，
橡木桶跟我們一樣
都會呼吸。

威士忌裝在我們
向葡萄酒生產者
取來的橡木桶中，
至少要陳放三年。

這裡進行過桶處理，
為期六個月至一年時間。
我們會重新利用裝過葡萄酒的木桶，
如來自木桐酒莊*1、佩楚酒莊*2、
居宏頌產區*3、拉圖酒莊*4的木桶……

因為我們通常會將威士忌
放在波本或是雪莉桶中陳放與熟成，
有時候會用波特桶，
賦予威士忌更多的香氣與特色……

我曾聽過
「天使的分享」
……那又是
什麼呢？

那是指揮發的
水份與酒精。
橡木桶是有細孔的，
平均每個橡木桶
每年會損失
百分之一至二的
威士忌。

這就是為什麼
我們這些釀酒人
在蒙主寵召的
那一天，去天堂
不用排隊啊！
因為我們
每年都送給天使
好多威士忌，
哈哈！

*1 Château Mouton Rothschild *2 Château Pétrus *3 Jurançon *4 Château Latour

海倫曾經
在尋找一款
非常獨特的
威士忌,
她跟您
提過嗎?

嗯……
她很喜歡
以我們的大麥
供應農莊為名的
「奧特摩」
……

那是由
艾雷島的
首席釀酒師
吉姆·麥克尤恩
為我們
釀製的。

嗯……
她留下了
一些線索。

我們可以感受泥煤風味
在口腔裡完全爆發!
還有一絲極為敏銳的碘離子氣息,是非
常傑出的威士忌……
不過海倫要找的是前所未有的
明顯風格。她並沒有在這裡找到!

你們何不去拜訪
吉姆·麥克尤恩?
他一定知道如何指點你們,
這裡沒有人比他更懂威士忌了!

亞當,謝謝你,
也很感謝你
抽時間陪我們!
再見了。

吉姆是海倫
很好的朋友,
他會啟發
我們的。

雨停了，
陽光甚至
也露臉了。

哇，你看！
是野鹿！

真不可思議！
牠們看起來
一點也不怕生。
可以在這裡停一下嗎？

「噢，生命！早晨是如此喜悅，
青春遐想的光芒在山頂跳躍，
鄙視謹慎教訓與冷靜算計，
我們像學童在預期的信號下奔跑雀躍，
奔向遊戲與愉悅。」*

*羅伯特・伯恩斯〈致詹姆斯・史密斯〉（Epistle To James Smith）

就是那棟房子，
我們離波摩鎮不遠。
我們雖然不請自來，
但是吉姆應該會很高興
看到我們。

卡洛琳！
真是美麗的
驚喜啊！

蓬蓽生輝，
何以克當？

吉姆，
這是喬艾爾。
他與海倫
非常親近
……

我們想聽聽
你的意見，你也
很了解海倫。

吉姆在威士忌業界工作了50個年頭，
光是在波摩蒸餾廠就待了38年，
是吧？

沒錯，我從青少年時期就
開始當箍桶學徒，哈哈！
然後當調酒師、塔諾克賽—邦定公司*的
總經理，最後在布萊迪擔任首席釀酒師……
現在由亞當‧漢特接手了！

其實就是
他建議
我們來
找你的。

吉姆，我在找一款非常獨特的
威士忌……海倫留下了幾個線索，
她想為她的典藏系列
找到無可取代的「那款」威士忌，
只是她突然撒手人寰……

我很希望能親手找到這瓶威士忌，
為了她，為了紀念她，
這對我而言意義重大！

* Tannochside Bonding Co.

97

你們提到線索……海倫一直相當迷戀清新海洋與花卉芳香，而這是唯獨在艾雷島熟成的威士忌才有的特色。

想必往這個方向找就沒錯：彷彿像舞會裡的灰姑娘，一款優雅細緻又講究的威士忌……

比方像這款2008年的「波夏艾雷島大麥」*，是我在布萊迪蒸餾廠時創作的。喝看看這個神奇的傑作！

無可挑剔的完美，風味均衡！不僅具有辛辣與刺激風味，卻又同時富含甜美而可口的質地。

聞聞看，蕨類與風信子的香氣撲鼻而來，緊接著是有些刺鼻的溫熱泥煤味，然後，微帶檸檬清香的碘離子海洋氣息緩緩從杯中散逸，與乾燥大麥的芳香以及泥煤的煙燻味如膠似漆，相得益彰。

然後是口感，來！喝一口試試……

甜美水果、木瓜、還有一些能平衡泥煤風味的碘離子、胡椒、太妃糖甜蜜的木質香……

*"Port Charlotte Islay Barley"

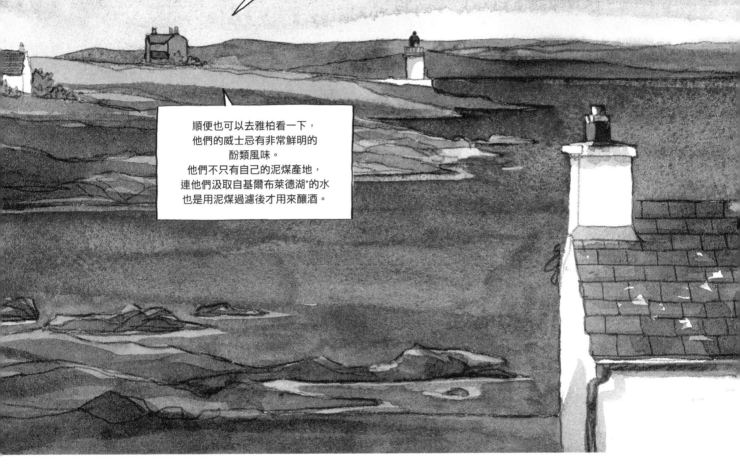

不過……我想不出有哪一款
威士忌完全符合海倫的期待，
也許可以去雅柏蒸餾廠問問米奇，
他們釀製全蘇格蘭泥煤味最重的
單一麥芽威士忌。
我可以打電話給他。

順便也可以去雅柏看一下，
他們的威士忌有非常鮮明的
酚類風味。
他們不只有自己的泥煤產地，
連他們汲取自基爾布萊德湖*的水
也是用泥煤過濾後才用來釀酒。

或是去
我們的好鄰居波摩
蒸餾廠那裡，
他們的威士忌
並無明顯泥煤味，
但雪莉桶的芳香
更形可口，
這也是他們的
特色象徵。

如果這樣
我們還
無功而返的話，
就真的
有鬼了！

* Loch Kilbride

99

雖然艾雷島只有40公里長，但現在我們車子也行駛了好一陣子。卡洛琳要帶我去拜訪米奇‧海茨，他是雅柏蒸餾廠的經理。而雅柏屬於艾雷島最老牌也最興旺的蒸餾廠之一。

你會發現就跟吉姆說的一樣，只要一杯雅柏的單一麥芽威士忌，就能滿室薰香，他們的泥煤味是如此的濃烈……

如果持續放晴的話，我們很快就可以抵達！

……麥汁在發酵槽中靜置54小時發酵。

接著，我們來到蒸餾區……

我們的蒸餾器當然都是純銅打造，酒汁蒸餾器跟烈酒蒸餾器都是。

你們去過布萊迪蒸餾廠，也都看過這些了，不過……

每個蒸餾廠的蒸餾器形狀都不一樣，這也是形成威士忌千百種特色的關鍵之一。

優雅風味的關鍵就藏在拐彎抹角處！

你們要
嚐看看嗎？

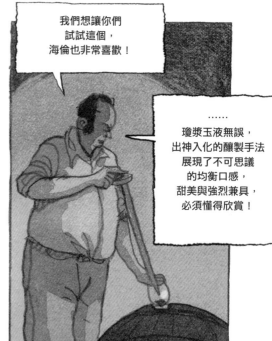

我們想讓你們
試試這個，
海倫也非常喜歡！

……
瓊漿玉液無誤，
出神入化的釀製手法
展現了不可思議
的均衡口感，
甜美與強烈兼具，
必須懂得欣賞！

「啊！傲慢放肆的飲料！
給我們無比的勇氣！……

……
喝一些大麥佳釀，
臨危也能笑顏亮，
暢飲一杯威士忌，
挑戰魔鬼也無懼！」*

* 羅伯・伯恩斯

這次仍然徒勞無功。我原本對我們的尋覓滿懷信心，以為能輕鬆高奏凱歌，完全沒有料想到鎩羽而歸的可能性。然而，現在疑雲悄悄滿布。

115

我早就料到這款威士忌真的
非常接近你們想找的，
也非常符合海倫的期待。
只是很不幸，我們無法作主。
這桶酒屬於皇室。我不應該跟你們
提起……也不該讓你們品嚐的……

跟我來，
我希望能得到
你們原諒。

我相信你們
會喜歡
這個禮物！

我要送
你們一小塊
我們的
泥煤地！

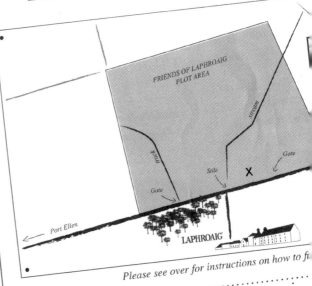

This

CERTIFICATE

Confirms that

Joel Alessandra

A registered Friend of Laphroaig, has visited Laphroaig
and collected the rent for

RENT CLAIMED

ONE
SQUARE
FOOT

of land at

LAPHROAIG

FRIENDS OF LAPHROAIG
PLOT AREA

stream

track

Gate

Stile

X

Gate

Port Ellen

LAPHROAIG

Please see over for instructions on how to fi

PLOT
NUMBER   784529

* 相當於929.03平方公分

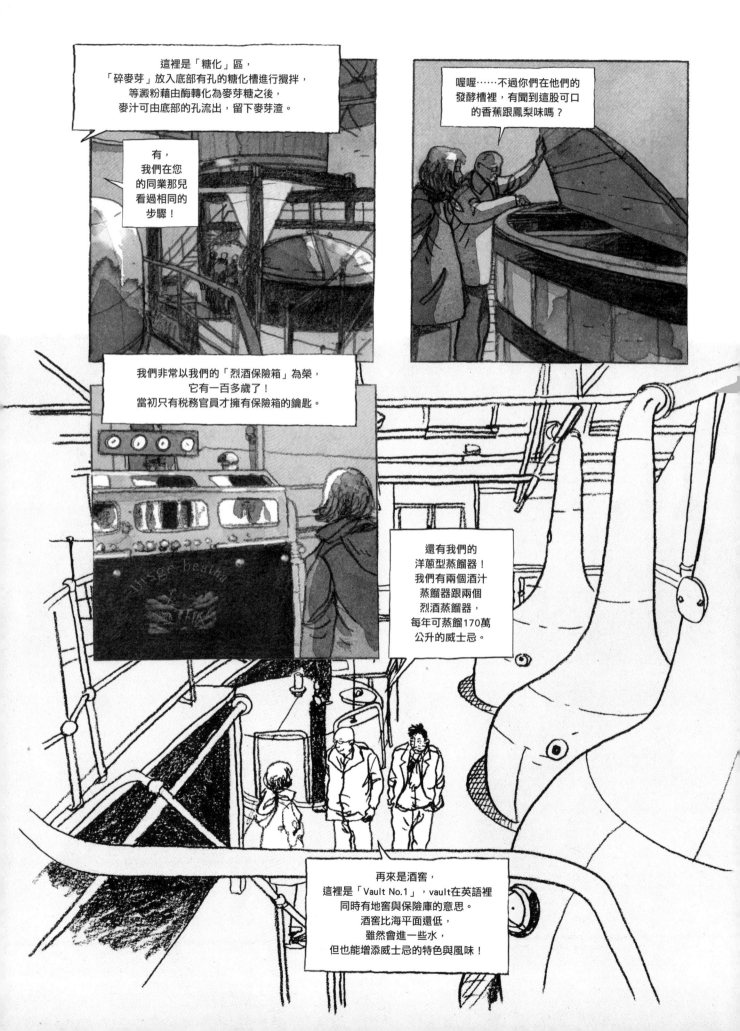

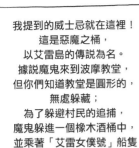

我提到的威士忌就在這裡！
這是惡魔之桶，
以艾雷島的傳說為名。
據說魔鬼來到波摩教堂，
但你們知道教堂是圓形的，
無處躲藏；
為了躲避村民的追捕，
魔鬼躲進一個橡木酒桶中，
並乘著「艾雷女僕號」船隻
逃到蘇格蘭本土。

來自吉姆的傳說！
沒有人相信，
不過大家都在傳。

輕輕一槌，
瞧，把木塞
敲出來！

然後用我的
「valinch」小吸管
吸一些佳釀出來。

......
你們即將體會到魔鬼
的恩賜，哈哈！

有些人喜愛它撲鼻的陽剛氣息，
另外其他人則喜歡它
優雅富含果香的口感……
你們覺得海倫會挑選這款
放進她的典藏系列嗎？

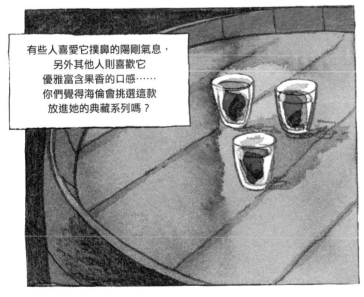

如何？

* Oloroso

我惘然若失，悲傷極了。當然最終還是以我的決定為主，畢竟是我個人的追尋；不過，卡洛琳才是專家，我不是。如果她對我們整趟旅途嚐過的所有威士忌都不滿意，那我也只能聽命並遵從。

卡洛琳幾乎是痛苦地嘆了口氣，不發一語。我對於她的沉默感到有點訝異。

在我們的漫長旅程當中，我已經習慣她大發議論。

不過，她的沉默是對的，還有什麼能說的呢？我們一無所獲啊！

什麼都沒有找到，沒有任何一瓶威士忌能符合海倫的期待。

我們一敗塗地。

一切都結束了。

Ending Chapter

寶塔神靈
L'esprit de la pagode

艾雷島。布萊迪蒸餾廠。

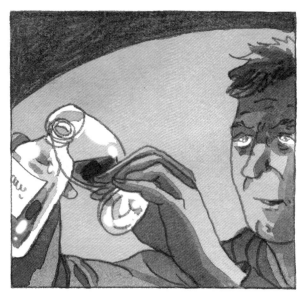

我啟程回到赫里福德郡的普特萊宮，海倫已在此長眠了數個月。

我抵達的時候已近黃昏。
雖然沮喪又筋疲力竭，
我還是看到了璀璨的光芒，
極不真實，彷彿神靈乍現。

我終於下定決心前往海倫的墳墓，向她承認我沒有實現諾言；
生氣、失落與悲傷的感覺同時向我襲來。

我熱淚盈眶，緊緊地抱住吉姆許久。感激之情溢於言表，
我的頭靠著他的胸膛，彷彿深入人心之中仁慈寬厚的美麗洞天。

舉足輕重之一生
A Life that Mattered

這是為海倫挑選的墓誌銘。 對一位日日為生活傾注心力與熱情，並獲得所有人一致敬愛與喜愛的女性，似乎是最佳的寫照。

海倫並非半途而廢或不求甚解之人，而這並不僅僅表現在她對威士忌的自我期許。她的日記每一頁都彷彿完美調和的威士忌，細膩巧妙地結合了工作與娛樂。沒有一天被錯過，也沒有任何一個機會被放過。

海倫在1981年開始對威士忌感到興味盎然，當時，她剛加入愛丁堡一間廣告公司Hall Advertising（Saatchi & Saatchi的子公司）的行列，負責格蘭利威（Glenlivet）與格蘭冠酒廠（Glen Grant）的廣告業務。她的丈夫狄克所屬的降落傘部隊剛好也同時駐紮在愛丁堡，因此海倫能悠哉地盡情拜訪蘇格蘭眾多的小島與威士忌蒸餾廠。海倫隨身攜帶的素描簿滿滿地都是她在當地完成的水彩寫生。二十年之後，她再接再厲，成為「蒸餾廠終點站」（Distillery Destinations）旅行社的合夥創辦人，專事有關威士忌的旅遊活動。

1983年，海倫在曼徹斯特（Manchester）的商業學院結識了生性開朗的派屈克・加拉格爾（Patrick Gallagher），兩人攜手創立了Company Solutions公關公司。威士忌主題繼續成為公司業務焦點，因為他們的客戶包括麥修格洛（Matthew Gloag & Son）酒廠（生產威雀威士忌〔Famous Grouse〕）和威廉教師（Wm Teacher & Sons）酒廠（生產教師威士忌〔Teacher's〕），以及其他知名大公司，如英國駕訓學校BSM、美國運通（American Express）和《衛報》（The Guardian）。

好景不常，海倫的中校丈夫於1996年不幸英年早逝，享年44歲。這促使海倫重新思考其工作模式與人生的價值——她決定從此只聽憑熱情之所向，以運籌人生決策。

她首先撰寫了《單一麥芽威士忌品飲事典》（The Single Malt Whisky Companion），是第一本由女性撰寫並以插圖介紹威士忌的全方位專業指南。 這本書品評了110多種不同的單一麥芽威士忌，包含從日本到塔斯馬尼亞的佳釀，並迅速成為國際暢銷書，被翻譯成十五種以上的語言。

接著是《威士忌：生命之水》（Whisky – Uisge Beatha – The Water of Life）一書，獲得美食類國際書展雙重大獎；還著有《教師威士忌的故事：透過教師酒廠綜觀蘇格蘭威士忌175年的歷史》（A Teacher's Tale: 175 Years of Scotch Whisky Through the Eyes of WM Teacher & Sons, 2005），以及《威士忌伴侶：世界最佳威士忌鑑賞指南》（A Connoisseur's Guide to the World's Finest Whiskies, 2008）。

意義非凡之人生
Une vie pleine de sens.

「教師威士忌的故事」是海倫被委託整理威廉・堤切（William Teacher）的生平檔案後，長期研究其成就而編纂的書籍。她還為百齡罈（Ballantine）撰寫創辦人喬治・百齡罈（George Ballantine）精彩的一生，並為了寫下英人牌（Beefeater）琴酒與潘海利根（Penhaligon's）香水品牌的故事，埋頭在無數塵封的檔案紙箱中鑽研。

蘇格蘭威士忌行業一致推崇海倫的傑出貢獻，並於1999年成為享譽盛名的「蘇格蘭雙耳小酒杯執持者協會」終身會員。 她同時也是倫敦玻璃工會The Worshipful Company of Glaziers的成員，不過，這又是另一個故事了……

海倫非常以她的工作為榮。她的書籍與品酒活動引領眾多讀者進入威士忌美妙的殿堂，許多人也因而有幸與她成為莫逆。無人不傾倒於她的非凡魅力。

她也利用自己對威士忌的熱情，在世界各地舉辦威士忌品酒會，為各種不同的名目與場合籌措資金，不管是私人或機關團體，或是肯亞的「東非單一麥芽俱樂部」（East Africa Single Malt Club）及全英國規模最大的「蘇格蘭信託基金會」（National Trust for Scotland）雙年品酒晚會。她也時常在這些場合表示，擁有她自己的威士忌品牌將會是非常棒的一件事！

海倫在第21瓶「海倫・亞瑟典藏系列」威士忌裝瓶前的幾個月逝世，這是布萊迪酒廠2004年份的威士忌。而我，海倫的姪女（我和她一樣，在公關與傳播領域工作，但完全沒有遺傳到她對威士忌的敏銳味蕾），只能在最短的時間內學會威士忌的裝瓶、標籤、運送與稅務的基本技能。

謝謝你，摯愛的姑姑！

海倫擁有令人景仰且不世出的非凡特質，她的離世留給我們無限的空虛。

而她的精神長存。

——海倫的姪女，
莎拉・德蓮（Sarah Drane）

VO0015

Lady Whisky 威士忌女爵

一場艾雷島上的尋酒之途，實現夢幻風味的未竟追尋
敬！威士忌寰宇中偉大的推手海倫·亞瑟

原 書 名　Lady Whisky
作　　者　喬艾爾·亞利桑德拉 (Joël Alessandra)
譯　　者　謝珮琪

總 編 輯　王秀婷
責任編輯　張成慧
版　　權　張成慧
行銷業務　黃明雪

發 行 人　涂玉雲
出　　版　積木文化
　　　　　104台北市民生東路二段141號5樓
　　　　　電話：(02) 2500-7696｜傳真：(02) 2500-1953
　　　　　官方部落格：www.cubepress.com.tw
　　　　　讀者服務信箱：service_cube@hmg.com.tw
發　　行　英屬蓋曼群島商家庭傳媒股份有限公司城邦分公司
　　　　　台北市民生東路二段141號11樓
　　　　　讀者服務專線：(02) 25007718-9｜24小時傳真專線：(02) 25001990-1
　　　　　服務時間：週一至週五09:30-12:00、13:30-17:00
　　　　　郵撥：19863813｜戶名：書蟲股份有限公司
　　　　　網站：城邦讀書花園｜網址：www.cite.com.tw
　　　　　香港發行所 城邦（香港）出版集團有限公司
　　　　　香港灣仔駱克道193號東超商業中心1樓
　　　　　電話：+852-25086231｜傳真：+852-25789337
　　　　　電子信箱：hkcite@biznetvigator.com
　　　　　馬新發行所 城邦（馬新）出版集團Cite (M) Sdn Bhd
　　　　　41, Jalan Radin Anum, Bandar Baru Sri Petaling,
　　　　　57000 Kuala Lumpur, Malaysia.
　　　　　電話：(603) 90578822｜傳真：(603) 90576622
　　　　　電子信箱：cite@cite.com.my

美術設計　許瑞玲
封面完稿　張倚禎
製版印刷　上晴彩色印刷製版有限公司／東海印刷事業股份有限公司

LADY WHISKY by Joël Alessandra
© Casterman, 2017
All rights reserved.
Text translated into Complex Chinese © Cube Press, 2019

2019年12月19日 初版一刷　　　　　　　　　　Printed in Taiwan.
售價　550元
ISBN　978-986-459-214-2
版權所有·翻印必究